早安生活

浪漫时代

生活书店 2019 轻手账

[英]威廉·透纳 绘

[英]拜伦、雪莱 等 著

王佐良 译

生活·讀書·新知 三联书店　生活書店 出版有限公司

绘画 威廉·透纳

英国最为著名、技艺最为精湛的艺术家之一，19世纪上半叶英国学院派画家的代表。透纳以善于描绘光与空气的微妙关系闻名于世，尤其对水汽弥漫的掌握有独到之处。在他的画里，能看到一个浪漫主义时期的开阔英国。

诗歌 拜伦、雪莱 等

英国浪漫主义诗歌史上的代表作家，均有不朽之作传世，英国的浪漫主义文学代表了19世纪欧洲浪漫主义文学的最高成就，这一时期的诗歌广为流传。

翻译 王佐良

浙江上虞人，诗人、翻译家、教育家、英国语言文学专家。王佐良先生翻译的英国浪漫主义诗歌被认为是最优秀的版本之一，著有《英国浪漫主义诗歌史》等书。

这是生活书店复店重张后的第四本纪念笔记本

取材自18世纪至19世纪的英国浪漫主义诗歌与绘画

1789年的法国大革命，给人类的未来带来了新的希望

这场革命也对英国社会造成冲击

英国的浪漫主义文学崛起

拜伦、雪莱、华兹华斯、济慈……

我们现在能想起的国外诗人，许多就是这个时代的杰出代表

他们都是大自然的观察者、爱好者和崇拜者

热爱乡村和大海，热爱植物和动物，也热爱人

那是一个充满希望的时代

英国即将走上世界之巅

黄昏下的巨石阵，牛津校园的学生赛艇……

威廉·透纳的浪漫主义画作

描绘了一个如朝日般升起的王国

配上一代大家王佐良先生的浪漫主义诗歌译文

重现了属于我们的"浪漫时代"

2019

1

S	M	T	W	T	F	S
	1	2	3	4	5	6
7	8	9	10	11	12	13
14	15	16	17	18	19	20
21	22	23	24	25	26	27
28	29	30	31			

2

S	M	T	W	T	F	S
					1	2	3
4	5	6	7	8	9	10
11	12	13	14	15	16	17
18	19	20	21	22	23	24
25	26	27	28			

3

S	M	T	W	T	F	S
				1	2	3
4	5	6	7	8	9	10
11	12	13	14	15	16	17
18	19	20	21	22	23	24
25	26	27	28	29	30	31

4

S	M	T	W	T	F	S
1	2	3	4	5	6	7
8	9	10	11	12	13	14
15	16	17	18	19	20	21
22	23	24	25	26	27	28
29	30					

5

S	M	T	W	T	F	S
		1	2	3	4	5
6	7	8	9	10	11	12
13	14	15	16	17	18	19
20	21	22	23	24	25	26
27	28	29	30	31		

6

S	M	T	W	T	F	S
					1	2
3	4	5	6	7	8	9
10	11	12	13	14	15	16
17	18	19	20	21	22	23
24	25	26	27	28	29	30

7

S	M	T	W	T	F	S
1	2	3	4	5	6	7
8	9	10	11	12	13	14
15	16	17	18	19	20	21
22	23	24	25	26	27	28
29	30	31				

8

S	M	T	W	T	F	S
			1	2	3	4
5	6	7	8	9	10	11
12	13	14	15	16	17	18
19	20	21	22	23	24	25
26	27	28	29	30	31	

9

S	M	T	W	T	F	S
1						
2	3	4	5	6	7	8
9	10	11	12	13	14	15
16	17	18	19	20	21	22
23	24	25	26	27	28	29
30						

10

S	M	T	W	T	F	S
	1	2	3	4	5	6
7	8	9	10	11	12	13
14	15	16	17	18	19	20
21	22	23	24	25	26	27
28	29	30	31			

11

S	M	T	W	T	F	S
				1	2	3
4	5	6	7	8	9	10
11	12	13	14	15	16	17
18	19	20	21	22	23	24
25	26	27	28	29	30	

12

S	M	T	W	T	F	S
1						
2	3	4	5	6	7	8
9	10	11	12	13	14	15
16	17	18	19	20	21	22
23	24	25	26	27	28	29
30	31					

2019

1

S	M	T	W	T	F	S
		1	2	3	4	5
6	7	8	9	10	11	12
13	14	15	16	17	18	19
20	21	22	23	24	25	26
27	28	29	30	31		

2

S	M	T	W	T	F	S
					1	2
3	4	5	6	7	8	9
10	11	12	13	14	15	16
17	18	19	20	21	22	23
24	25	26	27	28		

3

S	M	T	W	T	F	S
					1	2
3	4	5	6	7	8	9
10	11	12	13	14	15	16
17	18	19	20	21	22	23
24	25	26	27	28	29	30
31						

4

S	M	T	W	T	F	S
	1	2	3	4	5	6
7	8	9	10	11	12	13
14	15	16	17	18	19	20
21	22	23	24	25	26	27
28	29	30				

5

S	M	T	W	T	F	S
			1	2	3	4
5	6	7	8	9	10	11
12	13	14	15	16	17	18
19	20	21	22	23	24	25
26	27	28	29	30	31	

6

S	M	T	W	T	F	S
						1
2	3	4	5	6	7	8
9	10	11	12	13	14	15
16	17	18	19	20	21	22
23	24	25	26	27	28	29
30						

7

S	M	T	W	T	F	S
	1	2	3	4	5	6
7	8	9	10	11	12	13
14	15	16	17	18	19	20
21	22	23	24	25	26	27
28	29	30	31			

8

S	M	T	W	T	F	S
				1	2	3
4	5	6	7	8	9	10
11	12	13	14	15	16	17
18	19	20	21	22	23	24
25	26	27	28	29	30	31

9

S	M	T	W	T	F	S
1	2	3	4	5	6	7
8	9	10	11	12	13	14
15	16	17	18	19	20	21
22	23	24	25	26	27	28
29	30					

10

S	M	T	W	T	F	S
		1	2	3	4	5
6	7	8	9	10	11	12
13	14	15	16	17	18	19
20	21	22	23	24	25	26
27	28	29	30	31		

11

S	M	T	W	T	F	S
					1	2
3	4	5	6	7	8	9
10	11	12	13	14	15	16
17	18	19	20	21	22	23
24	25	26	27	28	29	30

12

S	M	T	W	T	F	S
1	2	3	4	5	6	7
8	9	10	11	12	13	14
15	16	17	18	19	20	21
22	23	24	25	26	27	28
29	30	31				

2020

1

S	M	T	W	T	F	S
			1	2	3	4
5	6	7	8	9	10	11
12	13	14	15	16	17	18
19	20	21	22	23	24	25
26	27	28	29	30	31	

2

S	M	T	W	T	F	S
						1
2	3	4	5	6	7	8
9	10	11	12	13	14	15
16	17	18	19	20	21	22
23	24	25	26	27	28	29

3

S	M	T	W	T	F	S
1	2	3	4	5	6	7
8	9	10	11	12	13	14
15	16	17	18	19	20	21
22	23	24	25	26	27	28
29	30	31				

4

S	M	T	W	T	F	S
			1	2	3	4
5	6	7	8	9	10	11
12	13	14	15	16	17	18
19	20	21	22	23	24	25
26	27	28	29	30		

5

S	M	T	W	T	F	S
					1	2
3	4	5	6	7	8	9
10	11	12	13	14	15	16
17	18	19	20	21	22	23
24	25	26	27	28	29	30
31						

6

S	M	T	W	T	F	S
	1	2	3	4	5	6
7	8	9	10	11	12	13
14	15	16	17	18	19	20
21	22	23	24	25	26	27
28	29	30				

7

S	M	T	W	T	F	S
			1	2	3	4
5	6	7	8	9	10	11
12	13	14	15	16	17	18
19	20	21	22	23	24	25
26	27	28	29	30	31	

8

S	M	T	W	T	F	S
						1
2	3	4	5	6	7	8
9	10	11	12	13	14	15
16	17	18	19	20	21	22
23	24	25	26	27	28	29
30	31					

9

S	M	T	W	T	F	S
		1	2	3	4	5
6	7	8	9	10	11	12
13	14	15	16	17	18	19
20	21	22	23	24	25	26
27	28	29	30			

10

S	M	T	W	T	F	S
				1	2	3
4	5	6	7	8	9	10
11	12	13	14	15	16	17
18	19	20	21	22	23	24
25	26	27	28	29	30	31

11

S	M	T	W	T	F	S
1	2	3	4	5	6	7
8	9	10	11	12	13	14
15	16	17	18	19	20	21
22	23	24	25	26	27	28
29	30					

12

S	M	T	W	T	F	S
		1	2	3	4	5
6	7	8	9	10	11	12
13	14	15	16	17	18	19
20	21	22	23	24	25	26
27	28	29	30	31		

2021

1

S	M	T	W	T	F	S
					1	2
3	4	5	6	7	8	9
10	11	12	13	14	15	16
17	18	19	20	21	22	23
24	25	26	27	28	29	30
31						

2

S	M	T	W	T	F	S
	1	2	3	4	5	6
7	8	9	10	11	12	13
14	15	16	17	18	19	20
21	22	23	24	25	26	27
28						

3

S	M	T	W	T	F	S
	1	2	3	4	5	6
7	8	9	10	11	12	13
14	15	16	17	18	19	20
21	22	23	24	25	26	27
28	29	30	31			

4

S	M	T	W	T	F	S
				1	2	3
4	5	6	7	8	9	10
11	12	13	14	15	16	17
18	19	20	21	22	23	24
25	26	27	28	29	30	

5

S	M	T	W	T	F	S
						1
2	3	4	5	6	7	8
9	10	11	12	13	14	15
16	17	18	19	20	21	22
23	24	25	26	27	28	29
30	31					

6

S	M	T	W	T	F	S
		1	2	3	4	5
6	7	8	9	10	11	12
13	14	15	16	17	18	19
20	21	22	23	24	25	26
27	28	29	30			

7

S	M	T	W	T	F	S
				1	2	3
4	5	6	7	8	9	10
11	12	13	14	15	16	17
18	19	20	21	22	23	24
25	26	27	28	29	30	31

8

S	M	T	W	T	F	S
1	2	3	4	5	6	7
8	9	10	11	12	13	14
15	16	17	18	19	20	21
22	23	24	25	26	27	28
29	30	31				

9

S	M	T	W	T	F	S
			1	2	3	4
5	6	7	8	9	10	11
12	13	14	15	16	17	18
19	20	21	22	23	24	25
26	27	28	29	30		

10

S	M	T	W	T	F	S
					1	2
3	4	5	6	7	8	9
10	11	12	13	14	15	16
17	18	19	20	21	22	23
24	25	26	27	28	29	30
31						

11

S	M	T	W	T	F	S
	1	2	3	4	5	6
7	8	9	10	11	12	13
14	15	16	17	18	19	20
21	22	23	24	25	26	27
28	29	30				

12

S	M	T	W	T	F	S
			1	2	3	4
5	6	7	8	9	10	11
12	13	14	15	16	17	18
19	20	21	22	23	24	25
26	27	28	29	30	31	

And thus the Song

星期日 SUNDAY	星期一 MONDAY	星期二 TUESDAY	星期三 WEDNESD

1 2 3 4 5 6 7 8 9 10 11 12

星期四 HURSDAY	星期五 FRIDAY	星期六 SATURDAY	记事 NOTES

星期日 SUNDAY	星期一 MONDAY	星期二 TUESDAY	星期三 WEDNESD

星期四 URSDAY	星期五 FRIDAY	星期六 SATURDAY	记事 NOTES

And thus the Song

星期日 SUNDAY	星期一 MONDAY	星期二 TUESDAY	星期三 WEDNESDAY

星期四 URSDAY	星期五 FRIDAY	星期六 SATURDAY	记事 NOTES

And thus the Song

星期日 SUNDAY	星期一 MONDAY	星期二 TUESDAY	星期三 WEDNES

星期四 URSDAY	星期五 FRIDAY	星期六 SATURDAY	记事 NOTES

And thus the Song

星期日 SUNDAY	星期一 MONDAY	星期二 TUESDAY	星期三 WEDNESI

星期四 HURSDAY	星期五 FRIDAY	星期六 SATURDAY	记事 NOTES

And thus the Song

星期日 SUNDAY	星期一 MONDAY	星期二 TUESDAY	星期三 WEDNES

星期四 IURSDAY	星期五 FRIDAY	星期六 SATURDAY	记事 NOTES

And thus the Song

星期日 SUNDAY	星期一 MONDAY	星期二 TUESDAY	星期三 WEDNES

星期四 THURSDAY	星期五 FRIDAY	星期六 SATURDAY	记事 NOTES

And thus the Song

星期日 SUNDAY	星期一 MONDAY	星期二 TUESDAY	星期三 WEDNESD

星期四 THURSDAY	星期五 FRIDAY	星期六 SATURDAY	记事 NOTES

星期日 SUNDAY	星期一 MONDAY	星期二 TUESDAY	星期三 WEDNESD

星期四 HURSDAY	星期五 FRIDAY	星期六 SATURDAY	记事 NOTES

星期日 SUNDAY	星期一 MONDAY	星期二 TUESDAY	星期三 WEDNESD

星期四 HURSDAY	星期五 FRIDAY	星期六 SATURDAY	记事 NOTES

Urizen faded ; Ariston
And thus the Song

星期日 SUNDAY	星期一 MONDAY	星期二 TUESDAY	星期三 WEDNESD

dawn shudderd. Noah fade

星期四 HURSDAY	星期五 FRIDAY	星期六 SATURDAY	记事 NOTES

And thus the Song

星期日 SUNDAY	星期一 MONDAY	星期二 TUESDAY	星期三 WEDNESD

星期四 HURSDAY	星期五 FRIDAY	星期六 SATURDAY	记事 NOTES

让我们祝贺背包、行囊和粮袋，

让我们祝贺游荡的人们，

让我们祝贺褴褛的汉子和女人，

让我们一起高呼：阿门！

——彭斯《爱情与自由》

《圣奥古斯丁之门，坎特伯雷》

从一粒沙看世界，

从一朵花看天堂，

把永恒纳进一个时辰，

把无限握在自己手掌。

——布莱克《天真的兆象》

《巨石阵日暮》

《维苏威火山爆发

当群星扔下长矛，

又用泪水把天空浇，

他是否笑对自己的手艺，

他是否造了羔羊又造你？

虎，虎，烧个通红，

在黑夜的森林中，

谁的非凡的手和眼

能造出你这吓人的躯干？

——布莱克《老虎》

我将不停这心灵之战，

也不让我的剑休息，

直到我们把耶路撒冷

重建在英格兰美好的绿地。

——布莱克《弥尔顿·序》

《迪恩花园的景色，基督教堂，牛津》

在黄铜色的炎热天空，

中午的太阳红如血，

升起在樯桅之上，

大小恰似满月。

——柯尔律治《古舟子咏》

《从海上望布莱顿》

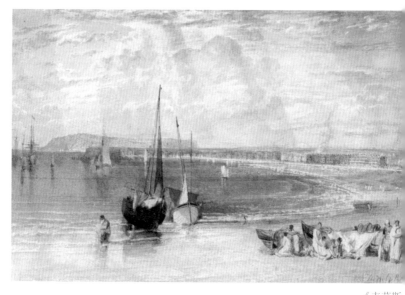

《韦茅斯

忽前，忽后，不停地转，

死亡之火狂舞在夜晚，

海水燃烧如女巫之油，

绿色，白色，又一片蓝。

——柯尔律治《古舟子咏》

每当我床上静卧，

心头忧郁又茫然。

寂寞里忽来奇乐，

心里瞥见了水仙一闪，

我的心就充满欢喜，

忙伴着花儿舞起。

——华兹华斯《咏水仙》

《波彻斯特城堡：从波彻斯特村庄眺望朴茨茅斯的景色》

我感到

有物令我惊起，它带来了

崇高思想的欢乐，一种超脱之感，

像是有高度融合的东西

来自落日的余晖，

来自大洋和清新的空气，

来自蓝天和人的心灵，

一种动力，一种精神，推动

一切有思想的东西，一切思想的对象，

又穿过一切东西而运行。

——华兹华斯《丁登寺旁》

《北威尔士弗林特城堡》

婴儿乃成人之父。

但愿我这一生

贯穿了自然的虔诚。

——华兹华斯《无题（每当我看见天上的虹彩）》

对于注视过人间生死的眼睛，

落日周围的云也染上了

庄严的颜色，显得深沉。

又一场比赛过去了，又一些人得胜了。

感谢有人心使我们能够生存，

感谢它的温柔，喜悦和恐惧，

我看最低微的鲜花都有思想，

但深藏在眼泪达不到的地方。

——华兹华斯《不朽的兆象》

《朱丽叶和她的护士》

《科西嘉

永恒的和临时的都给他们

鼓舞；他们在最小的示意上

建立最大的事业；永远注视着，

愿意行动，也接受行动，

他们不需要特别的召唤

就会起来；生活在日常世界上，

他们不迷惑于感官印象，

却有冲动的活力能够及时

同精神世界谈得契合，

也同时间里各个世代的人谈，

过去，现在，将来，一代又一代，

直到时间的消失。

——华兹华斯《序曲》

海黛和唐璜没有想到死的事，

　　这天地、这大气对他们太合适，

时光也无可挑剔，只嫌它会飞，

　　他们看自己呢，更是无可指责；

每人就是对方的镜子，谁看谁

　　都是眼里亮晶晶地闪着欢乐；

他们知道，这宝石一般的闪光

无非是他们眼底深情的反映。

　　　　——拜伦《唐璜》

《伊西斯河上的埃克塞特学院八人赛艇，牛津》

一千年难建一个国家,

一小时就叫它沦亡。

——拜伦《哈罗尔德游记》

《威尼斯：海关和圣乔治教堂》

反正我坟头的青草将悠久地

对夜风叹息，而我的歌早已沉寂

——拜伦《唐璜》

《秋天的爱迪生小道，莫德林学院，牛津

没有变化，没有休止，没有希望。但我坚持！

——雪莱《解放了的普罗米修斯》

《战舰特米雷勒号的最后一次归航》

《钟岩灯塔

如果冬天已到，春天还用久等？

——雪莱《西风颂》

我们前看后瞧，

　　渴求人世所无，

最真诚的笑

　　也含一点痛苦；

最甜的歌唱出最悲的情绪。

——雪莱《致云雀》

《北威尔士喀那芬城堡》

对于爱、美和欣喜，

没有死亡和交易。

——雪莱《敏感木》

《廷茅斯码头》

"美即是真，真即是美"，这就包括
你们所知道、和该知道的一切。

——济慈《希腊古瓮颂》

《现代罗马·凡西诺广场》

灿烂的星！我祈求像你那样坚定——

　但我不愿意高悬夜空，独自

辉映，并且永恒地睁着眼睛，

　像自然间耐心的、不眠的隐士，

不断望着海涛，那大地的神父，

　用圣水冲洗人所卜居的岸沿，

或者注视飘飞的白雪，像面幕，

　灿烂、轻盈、覆盖着洼地和高山——

呵，不，——我只愿坚定不移地

　以头枕在爱人酥软的胸脯上，

永远感到它舒缓地降落、升起；

　而醒来，心里充满甜蜜的激荡，

不断，不断听着她细腻的呼吸，

　就这样永生——或昏迷地死去。

——济慈《灿烂的星》

《蓝色瑞吉山·日出》

《彻韦尔的希普顿附近的风景，牛津郡

我看不出是哪种花草在脚旁，

　　什么清香的花挂在树枝上；

在温馨的幽暗里，我只能猜想

　　这个时令该把哪种芬芳

赋予这果树，林莽，和草丛，

　　这白枳花，和田野的玫瑰，

　　　　这绿叶堆中易谢的紫罗兰，

　　　　还有五月中旬的娇宠，

　　这缀满了露酒的麝香蔷薇，

　　　　它成了夏夜蚊蚋的嗡营的港湾。

——济慈《夜莺颂》

谁也达不到这个顶峰，

除了那些把世界的苦难

当作苦难，而且日夜不安的人。

所有别的人，在世上找到了栖身处，

无所用心，在昏睡中睡掉了一生，

如果碰巧来到这个神庙，

也在那叫你死了一半的石板上腐烂死去。

——济慈《海披里安之亡》

《从蒙特马里奥山上望罗马》

雾气洋溢、果实圆熟的秋，

　　你和成熟的太阳成为友伴；

你们密谋用累累的珠球

　　缀满茅屋檐下的葡萄藤蔓；

使屋前的老树背负着苹果，

　　让熟味透进果实的心中，

　　使葫芦胀大，鼓起了榛子壳，

　　好塞进甜核；又为了蜜蜂

一次一次开放过迟的花朵，

使它们以为日子将永远暖和，

　　因为夏季早填满它们的黏巢。

——济慈《秋颂》

《从大学城望向新学院的景色，牛津》

名、位、金钱种种，

帮不了只顾自己的可怜虫，

他活着得不了荣光，

他死了身魂两丧，

本是尘土，回归尘土，

无人敬，无人歌，也无人哭！

——司各特《末代行吟者之歌》

《伯纳德城堡

河滨路和舰队街上铺子的灯火，各行各业的从业者和顾客，载客和运货的大小马车，戏园子，考文特花园一带的忙乱和邪恶，城中的风尘女；更夫，醉汉，怪声的拉拉鼓叫；你如不睡，就会发现城市也没睡，不管在夜晚什么时候；舰队街不会让你感到片刻沉闷；那人群，那尘土、泥浆，那照在屋子和人行道上的阳光，图片店，旧书店，在书摊上讨价还价的牧师，咖啡店，厨房里飘出来的汤味，演哑剧的人——伦敦本身是一大哑剧，一大化装舞会——所有这一切都深入我心，滋养了我，怎样也不会叫我厌腻。这些景物给我一种神奇感，使我夜行于拥挤的街道，站在河滨的人群里，由于感到有这样丰富的生活而流下泪来。

——兰姆致华兹华斯函

《阿尼克城堡》

图书在版编目（ＣＩＰ）数据

早安，生活 . 2019. 浪漫时代 . 绿 /（英）华兹华斯
等著；（英）威廉·透纳绘；王佐良译. — 北京：生
活书店出版有限公司 , 2018.10
ISBN 978-7-80768-265-3

Ⅰ . ①早⋯ Ⅱ . ①华⋯ ②威⋯ ③王⋯ Ⅲ . ①历书 –
中国 –2019 ②诗集 – 英国 – 近代 Ⅳ . ① P195.2
② I561.24

中国版本图书馆 CIP 数据核字 (2018) 第 208572 号

策 划 人　邝　芮
责任编辑　邝　芮　刘　笛　李方晴
助理编辑　周昱均
封面设计　罗　洪
责任印制　常宁强

出版发行　**生活书店** 出版有限公司
　　　　　（北京市东城区美术馆东街22号）
邮　　编　100010
印　　刷　北京顶佳世纪印刷有限公司
版　　次　2018年10月北京第1版
　　　　　2018年10月北京第1次印刷
开　　本　787毫米×1092毫米 1/32　印张6
字　　数　10千字　图37幅
定　　价　48.00元
（印装查询：010-64002717；邮购查询：010-84010542）